SUPPRESSION

DU DÉPOTAGE

TOULON. — TYP. J. LAURENT.

SUPPRESSION

DU DÉPOTAGE

OU

MOYEN INFAILLIBLE

DE DÉTERMINER, SANS DÉPOTER,

LE VOLUME, EN LITRES, D'UNE QUANTITÉ
DE LIQUIDE QUELCONQUE

PAR

A. HEYRIÈS

EN VENTE

A TOULON, CHEZ L'AUTEUR, RUE NEUVE, 25

ET CHEZ LES PRINCIPAUX LIBRAIRES

1869

AVANT-PROPOS

Mon intention avait été d'abord de publier un ouvrage beaucoup plus compliqué que celui-ci.

L'idée dominante dans mon projet était bien de donner au commerce un moyen, aussi étonnant par sa simplicité que par son exactitude rigoureuse, de déterminer les quantités de liquides, sans recourir à l'opération par trop primitive du dépotage.

Mais j'avais fait précéder mes explications à ce sujet, d'un résumé clair, précis et complet, quoique restreint, de tout ce qui concerne les liquides en général et les alcools en particulier.

J'avais, avec un soin minutieux, dressé un tableau synoptique, indiquant en regard le titre apparent, le titre réel, la richesse alcoolique des divers esprits et eaux-de-vie à tous les degrés de force et de température ; un autre tableau pour les mouillages, remontages, etc.

J'ai reculé devant l'importance de cet ouvrage, et, tout en conservant soigneusement mon manuscrit, fruit d'un travail long et consciencieux, pour le livrer plus tard à l'impression, j'ai tenu à ne pas priver plus longtemps messieurs les négociants en liquides, du bénéfice d'une idée dont ils ne manqueront pas de reconnaître l'incontestable utilité.

Le succès de cette première édition m'imposera l'obligation de ne pas retarder le tirage de mon ouvrage complet. Ce succès me paraît du reste suffisamment garanti par les encouragements nombreux et les exhortations pressantes des personnes compétentes à qui j'ai pu soumettre le plan de mon ouvrage. Quelques-unes de ces personnes, avec lesquelles je suis dans des rapports plus intimes, ont même exigé que je misse à leur disposition, pour le moment, une copie manuscrite du tableau qui fait l'objet principal de cet opuscule. Elles en ont fait usage depuis et ont renoncé au dépotage quand elles ont eu constaté l'exactitude rigoureuse de mes calculs.

Placé dans des conditions spéciales d'observation, j'ai pu remarquer depuis longtemps que, quelle que soit l'habitude et la probité de celui qui pratique les opérations du mesurage, il lui est matériellement impossible d'évaluer exactement en unités de capacité, une quantité donnée de liquide.

Quoique je n'aie pas à m'occuper ici de grains, je puis le dire en passant, les variations sont si grandes dans les diverses manières de procéder au mesurage, que certains boulangers, marchands de grains ou minotiers conviennent qu'il est indifférent, dans tel port du Midi, d'acheter du blé sur place ou d'aller le prendre aux mêmes conditions dans tel autre port relativement éloigné ; la différence en plus dans les conditions du mesurage défraie largement du prix de transport.

Pour les liquides, c'est autre chose ; selon qu'ils sont ou non propres à mouiller le métal dont est faite la mesure de capacité, il se forme à la surface un exhaussement ou un enfoncement qui porte le nom de ménisque concave ou convexe.

Si le ménisque est concave, il sera matériellement impossible de loger dans la mesure la quantité de liquide équivalente à sa capacité ; cette mesure versera avant d'être pleine.

S'il est convexe, la mesure étant pleine, une certaine quantité de liquide sera en excédant et, dans les deux cas, la quantité en plus ou en moins constituera dans l'évaluation une erreur relative qui n'est pas sans importance.

Il existe des moyens certains de remplir exactement une mesure de capacité dont les bords supérieurs sont bien alésés ; ces moyens employés dans la vérification des mesures ne sont applicables que dans des opérations de cabinet et ne sauraient être employées dans le commerce à cause du temps et des soins minutieux qu'elles exigent.

A côté de ces erreurs inévitables, se placent une foule d'autres inconvénients. Nous n'en citerons qu'un entre autres :

Dans le dépotage des alcools, le double transvasement nécessité par le mesurage expose le liquide à l'air à deux reprises et sous une surface relativement grande ; or comme il est volatil, une évaporation assez sensible se produit et, cela va sans dire, précisément au préjudice de la partie essentielle, de sorte qu'après l'opération le degré a baissé, ce qui ne serait pas arrivé si, obligé de transvaser le liquide, on l'avait tranquillement laissé s'écouler seul dans une bonde par l'ouverture d'un simple robinet ou d'un siphon.

Il est certes regrettable qu'esclaves des vieux usages, alors même qu'ils sont routiniers, les commerçants n'aient point encore fait justice de ces inconvénients, en renonçant au mesurage des grains et liquides de toute nature et y substituant la vente au poids. Quelques pas ont été faits dans ce sens ; ainsi, les huiles, celles de fabrique surtout, se pèsent assez généralement ; les blés sur certaines places se vendent à la condition d'un poids déterminé par hectolitre ; mais bien que la partie intelligente du commerce appelle de tous ses vœux le jour où une réforme radicale aura été opérée, il est regrettable de convenir forcément que ce jour est encore éloigné.

C'est, sinon pour remédier complétement à cet état de choses, du moins pour atténuer les ennuis du dépotage, que je crus devoir m'occuper un jour de dresser un tableau assez étendu des pesanteurs spécifiques des liquides généralement admis dans le commerce.

Ce travail que j'étais loin de destiner à la publicité, m'avait été demandé par un ami et je m'occupai consciencieusement de mettre à sa disposition les données les plus certaines que je pus me procurer, soit en consultant les ouvrages spéciaux, soit en me livrant à des expériences pour lesquelles je me trouvais dans d'excellentes conditions, quant aux appareils du moins.

J'étais assez avancé dans mes recherches, mais je rencontrais à tous pas quelques difficultés nouvelles qui, si elles ne me rebutaient pas complétement, n'étaient pas du moins de nature à m'encourager beaucoup.

Les alcools m'occupèrent assez longtemps ; il me fallut chercher dans des livres et vérifier par des épreuves les densités aux divers degrés de force alcoolique ; ces recherches étaient d'autant plus difficiles que la progression entre l'eau distillée et l'alcool absolu n'est pas basée sur une raison constante. J'arrivai cependant à dresser une table sur l'exactitude de laquelle je crus pouvoir compter.

Une difficulté nouvelle se présenta à moi ; celle des alcools colorés ; les négliger, c'était laisser dans mon travail une lacune qui le rendait dérisoire. J'allais y renoncer lorsque cette question qui paraissait devoir me créer un problème à peu près insoluble, fut pour moi un trait de lumière. Une idée aussi simple, aussi élémentaire que celle de l'œuf de Christophe Colomb surgit dans mon esprit. Toute difficulté disparaissait; mon travail antérieur devenait inutile et, par l'application essentiellement facile d'un principe aussi rigoureusement vrai qu'incontestablement évident, je n'avais plus à me préoccuper de la nature des liquides, des conditions générales ou particulières dans lesquelles ils peuvent se trouver. J'en fis part à l'ami pour lequel je m'étais mis en quête; nous vérifiâmes ensemble par des expériences ce que je n'avais encore qu'à l'état de théorie. Le succès répondit à mes espérances; il ne pouvait en être autrement.

Telle est l'origine de l'ouvrage que j'offre aujourd'hui à messieurs les commerçants et fabricants de liquides, quelle que soit leur spécialité. Mon but est, avant tout, de leur être utile et la certitude que j'ai d'y réussir, n'est pas au-dessous du vif désir que j'en éprouve.

Quelques considérations particulières et

générales que je n'oserai pas appeler scientifiques, bien qu'elles soient du ressort de la science, étaient indispensables. C'est par leur exposé que j'ai dû commencer ; j'ai tâché de les présenter sous la forme la plus élémentaire, en les dépouillant de tout ce que les sciences, la physique surtout, peuvent avoir de rebutant pour les personnes qui n'y ont point été initiées, de manière à mettre à la portée de toutes les intelligences les motifs sur lesquels s'appuie le côté pratique du principe qui a servi de base au plan que je me propose.

A. H.

PREMIÈRE PARTIE

DES LIQUIDES DONT LA PESANTEUR SPÉCIFIQUE EST COMPRISE
ENTRE CELLE DE L'EAU ET CELLE DE L'ALCOOL.

DE L'ALCOOMÈTRE

Le plan de mon ouvrage reposant tout en-
tier sur le principe de l'aréomètre en général
et de l'alcoomètre en particulier, il me paraît
indispensable, pour que ma pensée soit parfaitement comprise, de donner quelques explications sur cet instrument.

On donne le nom d'*aréomètre* à tout instrument de physique qui, par la simple immersion, fait connaître la pesanteur spécifique
d'un liquide.

Or, pour avoir un aréomètre applicable à
tous les liquides possibles, il eût fallu le construire de dimensions ou de poids tels que
les appréciations n'eussent été qu'approxi-
matives, et qu'il eût fallu employer des quan-

2

tités très-importantes de certains liquides à expérimenter.

Pour la commodité des opérations et l'exactitude des observations, on a construit des aréomètres spéciaux à chaque liquide. Il en existe pour le lait, pour les sirops, pour les acides, etc. ; enfin pour l'alcool. Ces derniers prennent le nom d'alcoomètres ; ce sont les seuls dont nous ayons à nous occuper.

Il existe plusieurs alcoomètres, diversement gradués. Tous sont basés sur ce même principe de physique : *Tout corps plongé dans un liquide perd de son poids un poids égal au volume de ce liquide qu'il déplace.*

Sans entrer dans des démonstrations inutiles, tirons tout d'abord de ce principe la conséquence suivante : *Tout corps plus léger qu'un liquide dans lequel on le plonge, doit nécessairement flotter et ne s'enfoncer ni plus ni moins qu'au point de déplacer une quantité de ce liquide dont le poids soit exactement égal au sien.*

Les alcoomètres sont de petits instruments

en verre creux, plus légers que l'alcool, afin
de pouvoir y flotter et lestés à la partie inférieure pour s'y tenir dans un position verticale. Tout le monde en connaît la forme.

Or l'alcool étant sensiblement plus léger
que l'eau, il résulte des deux principes émis
ci-dessus que l'alcoomètre successivement
plongé dans l'alcool et dans l'eau, s'enfoncera beaucoup plus dans le premier liquide
que dans le second. De plus, un mélange des
deux liquides devra avoir un poids moyen
entre leurs poids respectifs, et ce poids sera
d'autant plus considérable, que l'eau entrera
dans le mélange en plus grande quantité.

Cela posé, la construction de l'instrument
devient aussi intelligible que facile à effectuer. Nous allons examiner celle de
l'alcoomètre de Gay-Lussac, presqu'exclusi-
vement adopté aujourd'hui, le seul d'ailleurs
dont fait usage la régie pour la perception
des droits et dont l'emploi légal ait été sanc-
tionné par une loi.

Alcoomètre de Gay-Lussac.

—

L'aréomètre de Gay-Lussac est appelé centésimal à cause de sa division en cent parties ou degrés.

Il a été gradué à la température de 15° du thermomètre centigrade.

L'instrument plongé dans l'eau pure s'y enfonce environ jusqu'à la naissance de la tige et c'est à ce point qu'est marquée la division 0. Plongé dans l'alcool absolu, toujours à la température de 15°, il s'y enfonce jusque vers la partie supérieure de la tige, où est marquée la division 100 ; l'espace qui sépare les deux points extrêmes 0 et 100 est divisé en cent parties qui prennent le nom de degrés centésimaux, et qui représentent des centièmes d'alcool.

Il est évident que, plongé dans un mélange quelconque d'eau et d'alcool à la température de 15°, l'aréomètre s'enfoncera d'autant

plus que le liquide sera plus léger, c'est-à-
dire contiendra plus d'alcool, et que le nombre de degrès marqués à l'affleurement, in-
diquera exactement combien de centièmes
d'alcool pur contient un volume quelconque
de mélange spiritueux. C'est ce nombre de
centièmes qui constitue ce que nous som-
mes convenus d'appeler *force* du liquide.

POIDS SPÉCIFIQUE DE L'ACOOL

Maintenant que nous connaissons le principe de l'alcoomètre de Gay-Lussac, appliquons cet instrument à la recherche de la pesanteur spécifique des alcools ou eaux-de-vie à quelque degré qu'ils soient.

Nous savons que la pesanteur spécifique de l'eau est 1 (*) ; c'est-à-dire qu'elle est prise pour unité.

L'expérience nous apprend également que la pesanteur spécifique de l'alcool absolu est

(*) On pourrait nous objecter que cette pesanteur de l'eau s'applique à son maximum de densité, c'est-à-dire à 4º de température. Qu'il nous soit permis d'invoquer l'expérience pour affirmer que la différence qui existe entre la densité de l'eau à 15º et à 4º est assez minime pour être considérée comme nulle ou tout au moins inappréciable dans les opérations commerciales.

0,795 c'est-à-dire qu'elle est les 795 milliè-
mes de celle de l'eau.

Cela revient à dire que puisqu'un litre
d'eau pèse 1 kilogramme, un litre d'alcool
absolu pèsera 795 grammes ou, que 1 hectolitre d'eau pèsera 100 kilogrammes et un
hectolitre d'alcool 79 kil. 5.

Il est facile de comprendre dès lors qu'un
mélange d'eau et d'alcool aura une pesanteur spécifique qui sera comprise entre 1 et
0,795 ; et, comme conséquence évidente, que
plus ce mélange contiendra d'eau, plus il sera
lourd.

Il semblerait à première vue, pour quiconque a l'habitude des règles de mélange
ou d'alliage, que le poids du liquide obtenu
par un mélange d'eau et d'alcool, doit être
mathématiquement proportionné à la quantité pour laquelle chacune des deux substances entre dans l'ensemble. Ainsi un demi
litre d'eau pesant 500 grammes et un demi
litre d'alcool 397 grammes 5 décigrammes,
le mélange de ces deux liquides devrait don-

ner un litre de liquide pesant 897 grammes 5 décigrammes. Il n'en est rien. Il se produit, au moment où l'on brasse ensemble l'eau et l'alcool, une contraction très-sensible. Les deux demi-litres mélangés donnent bien moins d'un litre d'eau-de-vie. Ce phénomène physique est d'autant plus sensible que l'eau entre pour moins grande quantité. De sorte que tous les calculs échoueraient devant ce qui se produit et que l'expérience seule a pu établir une règle fixe, pour connaître le poids spécifique exact des eaux-de-vie et esprits aux divers degrès de force alcoolique.

Pour se convaincre de l'importance de la contraction dont nous venons de parler, on n'a qu'à mettre dans une bouteille la moitié à peu près de son volume d'eau; ensuite on achève de la remplir avec de l'alcool, en ayant soin d'éviter autant que possible que le mélange s'opère tout d'abord. Il suffit pour cela de verser l'alcool doucement, en le faisant glisser contre les parois de la bouteille: il restera, à cause de sa légèreté relative, au-dessus de l'eau, sans se mélanger. Puis on bouche soigneusement la bouteille, soit avec la main, soit, sans l'agiter, avec un bon bouchon que l'on recouvre au besoin de cire. Il ne reste plus alors qu'à agiter la bouteille, à la retourner pour opérer le mélange le plus parfaitement que l'on peut. On voit immédiatement le volume total des deux liquides diminuer de presque toute la longueur du goulot.

Évidemment cette diminution de volume ne peut être attribuée qu'à la contraction, car la bouteille étant close hermétiquement ou à très-peu de chose près, il n'a pas pu y avoir d'évaporation.

C'est sur les expériences ci-dessus, souvent réitérées dans les meilleures conditions, que sont établis les chiffres du tableau qui se trouve à la fin de cette première partie. On y trouve, en regard de chaque degré accusé par l'alcoomètre, le poids d'un hectolitre du liquide expérimenté, et ce poids est donné avec une exactitude assez rigoureuse pour que l'erreur possible n'atteigne jamais 50 grammes par hectolitre.

Nota.—Les personnes qui ont l'habitude de manipuler des eaux-de-vie ou des alcools, savent parfaitement que le degré accusé par l'alcoomètre est rarement le degré réel et qu'il faut tenir compte de la température. Des tables spéciales ou des calculs connus, donnent le moyen de convertir en force réelle cette force apparente; mais ce que nous tenons à bien établir, ce qui sera démontré dans le chapitre suivant, à propos des liquides en général, c'est que lorsqu'il ne s'agit que d'évaluer en litres une quantité de liquide dont on connaît le poids, et réciproquement, on n'a à tenir compte que du degré apparent, c'est-à-dire tel qu'il est accusé par l'alcoomètre, sans se préoccuper de la force réelle, ni de la richesse alcoolique.

Poids spécifique des liquides en général.

—

Il résulte de la nature de l'aréomètre en général et de l'alcoomètre en particulier, que cet instrument s'enfonce d'autant plus dans un liquide, que ce liquide est plus léger et *vice-versà* et que de deux liquides, celui-là est le plus léger dans lequel l'instrument s'enfonce le plus.

Comme conséquence évidente et forcée, nous pouvons aussi poser ce principe que : *Deux ou plusieurs liquides dans lesquels l'aréomètre s'enfonce également ont la même pesanteur spécifique.*

D'où nous ne pouvons éviter de conclure que si l'alcoomètre de Gay-Lussac plongé dans un liquide quelconque, de l'huile par exemple, s'y enfonce jusqu'au 65ᵉ degré centésimal, cette huile aura la même densité que l'alcool à 65°, c'est-à-dire que sa densité sera, d'après le tableau ci-après, 9,04.

Si un alcool à une température quelconque accuse 78° centésimaux sur l'alcoomètre, il aura aussi la même densité que l'alcool qui aurait 78° centésimaux à 15° de température. Il n'y a donc à se préoccuper, pour l'application des chiffres que donne le tableau ci-après, ni des conditions de température dans lesquelles se trouve l'alcool, ni des substances qui ont servi à en modifier la couleur ou le goût, ni même de la nature du liquide qui peut n'avoir rien de commun avec l'alcool.

APPLICATION DU TABLEAU

Le tableau qui fait l'objet principal de cet ouvrage est divisé en trois colonnes ; la première à gauche donne le nombre de degrés depuis 0 jusqu'à 100 que peut accuser l'alcoomètre de Gay-Lussac plongé dans un liquide à évaluer ; la deuxième colonne indique le nombre par lequel il faut multiplier le poids du liquide exprimé en kilogrammes pour avoir des litres, et la troisième, le nombre par lequel il faudrait multiplier le nombre de litres pour avoir des kilogrammes, si le volume du liquide étant connu, on voulait en connaître le poids sans recourir à l'opération du pesage.

Quelques exemples ci-après achèveront de familiariser avec toutes ces opérations, toute personne qui, sans être habituée aux calculs, sait faire une simple multiplication. Si on a un nombre de degrés plus une fraction, on pourra sans inconvénient négliger cette fraction quand elle est petite; si pourtant elle s'aproche du demi degré, on pourra prendre une moyenne entre les deux nombres consécutifs dans la colonne à consulter; ainsi pour 67° 1/2, on pourra prendre 0,8975 qui tient le milieu, dans la troisième colonne, entre 0,896 correspondant à 68° et 0,899 correspondant à 67°. Avec cette précaution, on aura une approximation équivalente à l'exactitude, car même en négligeant les demi-degrés, cette approximation est au moins d'un ou deux litres par mille litres.

La troisième colonne présentant la pesanteur spécifique, c'est-à-dire le poids d'un litre de liquide, aurait pu suffire aux calculs que nous nous proposons d'effectuer.

En effet, le poids d'un litre de liquide étant donné en kilogrammes, il aurait suffi:

1° Pour chercher en kilogrammes le poids

d'un nombre connu de litres, de multiplier ce nombre de litres par le poids du litre;

2° Pour chercher en litres le volume d'une masse de liquide dont on connaît le poids en kilogrammes, de diviser ce poids total par le poids du litre.

J'ai cru bien faire en donnant dans la deuxième colonne un nombre tel que lorsqu'on le multiplie par le poids en kilogrammes du liquide, on obtient le même résultat que si on divisait ce poids par le nombre correspondant dans la colonne suivante. De cette manière, les deux cas seront résolus par une simple multiplication, sans avoir besoin de recourir à la division, qui est beaucoup moins expéditive pour tout le monde, et beaucoup plus difficile pour certaines personnes qui l'ont mal apprise ou qui ont pu perdre l'habitude de s'en servir.

Cela posé, deux cas seulement peuvent se présenter; je vais indiquer la marche à suivre pour les résoudre, en commençant par celui que nous nous proposons avant tout.

1er Cas.

Étant donné une futaille d'un liquide quelconque, déterminer, sans la mesurer, le nombre de litres de liquide contenus dans cette futaille. Il faut :

1° Peser la futaille pleine ;

2° La peser vide pour en faire la tare ;

3° Etablir par une soustraction le poids net du liquide ;

4° Plonger l'alcoomètre dans le liquide pour en avoir le degré apparent ;

5° Chercher dans la deuxième colonne du tableau le nombre correspondant au degré accusé par l'alcoomètre ;

6° Multiplier ce nombre par le poids exprimé en kilogrammes ;

Le produit de la multiplication exprimera le nombre de litres cherché ; il n'y aura plus qu'à reculer la virgule de deux rangs à gauche pour avoir des hectolitres.

J'ai supposé ici qu'il s'agissait de marchandise reçue et qu'il faut nécessairement transvaser pour connaître la tare après avoir établi le poids brut. Il va sans dire que l'expéditeur pèserait d'abord vide la futaille dans laquelle il doit expédier, et qu'il la pèserait ensuite pleine.

2e Cas.

Étant donné un certain nombre de litres d'un liquide quelconque, déterminer, sans recourir à l'opération du pesage, le poids exact de cette quantité de liquide.

Ce cas est plus simple, mais aussi, on en a rarement besoin : Il suffit de plonger l'alcoomètre dans le liquide, de prendre dans la troisième colonne du tableau le nombre correspondant au degré accusé et de le multiplier par le nombre de litres. On aura en kilogrammes le poids de tout le liquide. On pourra y ajouter celui du fût pour avoir le poids total et brut.

3

Objection à propos de l'alcool.

En raison des variations sensibles, fréquentes et rapides du degré apparent de l'alcool, on pourra me demander à quel moment je le soumettrai à l'essai par l'alcoomètre.

Sera-ce avant, pendant ou après le transvasement? Sera-ce longtemps après?

Il est évident que, tout en évitant soigneusement le brassage du liquide quand on le transvase (et tous les commerçants savent qu'à moins d'être pressé, on doit à cause de l'évaporation, brasser le moins possible), il est évident, dis-je, que, même en le transvasant lentement et par un simple robinet, à l'aide d'une manche qui le soustrait à l'influence de l'air, l'alcool peut s'échauffer ou se refroidir, se dilater ou se contracter, et par suite accuser divers degrés apparents aux divers moments où on l'essaie.

Cette objection qui, au premier abord peut paraître fondée, cède encore devant le principe général sur lequel je ne cesse de m'appuyer et je réponds à la question posée ci-dessus :

Il est indifférent d'observer le degré de l'alcool à un moment ou à l'autre.

En effet, le nombre de litres pourra varier en plus ou en moins, selon les modifications de température subies par suite du transvasement; mais comme l'alcool ne s'achète que sur le pied de son degré réel, il y a une opération spéciale dont on ne manque jamais de s'occuper très-sérieusement; elle consiste à examiner en même temps le degré alcoolique avec l'aréomètre et la température avec le thermomètre, puis à recourir aux tables de traduction qui donnent le degré réel correspondant à tous les degrés apparents. De sorte que, dans quelques conditions que se fasse l'observation, le résultat définitif sera toujours le même, c'est-à-dire qu'on obtiendra toujours le même nombre de litres d'alcool absolu, le seul qui entre en ligne de compte.

Dans une prochaine édition, j'espère traiter cette question sérieuse et donner des tables spéciales très-développées, très-rigoureusement exactes, très-claires en même temps, mais qui ne sauraient entrer aujourd'hui dans le cadre restreint que je me suis tracé.

Quant aux autres liquides, moins sensibles que l'alcool aux variations atmosphériques, ils reviennent bien vite à la température ambiante et par suite à leur état primitif.

Dans tous les cas, le meilleur moment pour l'observation est celui où se fait le pesage.

Autre Objection.

Mais, me dira-t-on, vous voulez éviter le dépotage. Or, transvaser n'est-ce pas dépoter ?

La réponse à cette objection qui m'a été faite déjà, est trop facile :

Entre le transvasement et le dépotage proprement dit, il y a une très-grande différence.

On a l'habitude dans le commerce d'appeler dépotage (et c'est dans ce sens restreint que je prends le mot) l'opération qui consiste à passer un liquide d'un récipient dans un autre, tout en pratiquant le mesurage avec des cruches, dites décalitres, qui ont ou sont censées avoir une contenance déterminée.

Quelqu'exacts que soient ces instruments, et je ne saurais trop répéter que leur exactitude est très-douteuse, il est impossible de ne pas commettre à chaque fois une erreur qui, répétée soixante et quelques fois pour une pipe ordinaire de trois-six, par exemple, donne une différence sensible dans le résultat; de plus, cette manipulation nécessite, quelques précautions que l'on prenne, un brassage dont les inconvénients ne sauraient être contestés.

Par transvasement, d'autre part, j'entends une opération pouvant être entourée d'une foule de précautions qui, tout en ne donnant aucune peine, prémunissent contre les inconvénients du brassage.

Évidemment, l'expéditeur n'aura aucune difficulté à peser d'abord sa futaille ou ses futailles vides pour en retrancher plus tard le poids du poids total ; cette opération ne change rien à son mode de manipulation ; il pourra ensuite les remplir, soit directement à l'aide d'un robinet, soit, mieux encore, par l'intermédiaire d'une manche.

Quant au destinataire, il doit, à un moment quelconque, et, pour loger sa marchandise, l'enlever des transports qui la contiennent ; c'est ce moment qu'il choisira pour suivre nos instructions.

Et du reste, expéditeur ou destinataire, ne trouvera-t-on pas son avantage, puisqu'on est condamné à une manipulation, à choisir la plus simple à la fois et la moins préjudiciable ?

Cette objection tombe d'elle-même, à moins qu'on oppose au procédé que j'indique un moyen essentiellement radical, celui de faire l'évaluation demandée à la simple inspection du liquide.

QUESTIONS DIVERSES A RÉSOUDRE

I

Un négociant a reçu une pipe de trois-six; il désire connaître la quantité de liquide contenue dans cette pipe, sachant : 1° que l'alcoomètre plongé dedans accuse 68°; 2° que la pipe pleine pèse 679 kilog.; 3° que la pipe vide pèse 92 kilog.

RAISONNEMENT :

Retranchant d'abord la tare 92 kilog. de 679 kilog. poids brut, je trouve pour le poids net du trois-six 587 kilog.

De 679^k
Otez 92

Reste 587^k

Or il est dit que l'alcoomètre accuse 68° :
Je cherche sur le tableau, et en regard du
nombre 68 de la colonne des degrés ; je
trouve à la deuxième colonne 1,116, nombre
qui, ainsi qu'il est indiqué en tête de cette
colonne, doit multiplier les 587 kilog. pour
faire connaître le nombre de litres qu'ils
représentent.

$$
\begin{array}{r}
1{,}116 \\
587 \\
\hline
7812 \\
8928 \\
5580 \\
\hline
655{,}092 \\
\hline
\end{array}
$$

Je trouve 655 litres 09, nombre qui indique la quantité de liquide contenue dans la
pipe.

II

Réciproque du précédent :

Un négociant doit expédier 655 litres 09 de
trois-six à un de ses correspondants ; quel

poids total doit-il faire figurer sur la lettre de voiture, sachant que la pipe dont il va se servir pèse 92 kilogrammes et que le liquide accuse 68° à l'alcoomètre de Gay-Lussac?

RAISONNEMENT :

Je cherche sur le tableau, dans la troisième colonne, et en regard du nombre 68 inscrit dans celle des degrés, le nombre 0,896 par lequel il faut multiplier le nombre de litres pour en connaître le poids.

$$
\begin{array}{r}
655,09 \\
0,896 \\
\hline
393054 \\
589581 \\
524072 \\
\hline
586,96064 \\
\hline
\end{array}
$$

Je trouve 586 kilog. 96 décag. qui sont bien le nombre correspondant, à 3 décag. près, aux 587 kilog. que m'avaient donné le volume sur lequel je viens de calculer.

Ajoutant à ce poids net celui de la pipe,

$$587$$
$$92$$
$$\overline{679}$$

Je trouve 679 kilogrammes pour le poids total.

III

Un fabricant de savon a reçu un chargement d'huiles basses dont le poids total est de 2348 kilog. net. Son correspondant ayant l'habitude de les lui vendre à la mesure, il désire savoir si la facture porte bien la quantité réelle.

L'alcoomètre plongé dans cette huile y accuse 47° centésimaux.

RAISONNEMENT :

Il suffit de multiplier les 2348 kilogrammes par 1,062, nombre placé dans la deuxième colonne en face du nombre 47 de la colonne des degrés.

$$
\begin{array}{r}
2348 \\
1,062 \\
\hline
4696 \\
14088 \\
23480 \\
\hline
2493,576
\end{array}
$$

Je trouve 2 493 litres 57 centilitres, ou 24 hectolitres 93 litres 57 centilitres.

Toutes les opérations se ressemblant, je m'écarterais du plan de mon ouvrage, en multipliant les exemples.

Ceux qui précèdent suffiront aux intelligences les plus ordinaires pour apprendre à se servir utilement du tableau qui doit servir de base à ces calculs.

CONSIDÉRATIONS PARTICULIÈRES

SUR LES ALCOOLS

Bien que je me sois proposé de ne traiter que des liquides en général, au point de vue de l'évaluation de leur volume par leur poids et réciproquement, à l'aide du tableau que je soumets au public, il m'a paru non point indispensable, mais très-utile, pour messieurs les commerçants de liquides, d'entrer dans quelques détails qui se rattachent spécialement aux alcools.

Quiconque s'est occupé un peu sérieusement du commerce des alcools sait que lorsqu'on traite de ces liquides, on doit tenir compte non point seulement de la quantité effective, mais encore du degré, ou soit de l'alcool pur que contient une quantité déterminée de ce liquide.

L'alcoomètre semblerait appelé à donner immédiatement et par une simple observation, l'indication de ce degré. Cela serait vrai rigoureusement si le liquide était à une température constante de 15° au-dessus de 0. C'est en effet à cette température que l'alcoomètre de Gay-Lussac a été gradué, et par conséquent ses indications ne peuvent être réelles que si cette condition est remplie.

Mais la température varie avec les localités, avec les lieux d'entrepôt, avec les saisons, avec les heures de la journée, de sorte qu'on a rarement du liquide à 15°. On pourrait fort bien l'y ramener, soit en chauffant avec la main, soit en refroidissant, par l'immersion dans de l'eau de puits, l'éprouvette où l'on aurait versé une certaine quantité du liquide à expérimenter ; seulement cette opération serait trop minutieuse, partant trop longue, et deviendrait par trop ennuyeuse dans une maison de commerce où, vingt fois par jour, il faut la recommencer.

Pour obvier à cet inconvénient, des tables

ont été dressées, sur lesquelles figure, dans des colonnes distinctes, le degré qu'accuserait, à la température de 15°, un liquide alcoolique éprouvé à une température quelconque.

Ce degré, indiqué pour la température fixe de 15°, est ce qu'on appelle *titre réel* ou *force réelle*, par opposition au *titre apparent* ou à la *force apparente* qui, pour un même liquide, varie aussi souvent que la température.

Ne perdons pas de vue, d'autre part, que ce *titre réel* représente le nombre de centièmes que renferme en alcool pur, un volume donné d'eau-de-vie blanche ou de trois-six.

Donc, quand mon procédé général sera appliqué aux liquides alcooliques, il faudra avoir soin d'y plonger un thermomètre en même temps que l'aréomètre, prendre note de la température, et, une fois le volume connu, chercher dans les tables générales le titre réel qui correspond au titre observé ; enfin, multiplier par ce titre réel le volume de liquide, pour avoir la quantité d'alcool pur que ce volume contient.

Un exemple est suffisant, en même temps qu'indispensable, pour bien faire comprendre ma pensée :

EXEMPLE :

Une futaille vide pèse 67 kilog. ; remplie d'eau-de-vie, elle pèse 437 kilog. L'alcoomètre plongé dans cette eau-de-vie a accusé 54° et, en même temps, le thermomètre marquait une température de 19° au-dessus de 0. Quelle quantité d'alcool pur devons-nous facturer ?

Je commence à chercher le poids net en retranchant la tare du poids brut.

De 437 kil. poids brut
Otez   67 kil. tare

Reste 370 kil. poids net.

Le poids net étant trouvé, je le multiplie

par 1,078, nombre correspondant dans la deuxième colonne de mon tableau, à 54°.

$$
\begin{array}{r}
1{,}078 \\
370 \\
\hline
7546 \\
3234 \\
\hline
398{,}860
\end{array}
$$

Je trouve 398 litres 86 centilitres d'eau-de-vie contenue dans la barrique. Cette eau-de-vie accuse 54 centièmes d'alcool pur à la température 19°. Les tables générales donnent, comme correspondant à ce titre apparent, un titre réel de 52,6, nombre par lequel il faut multiplier le volume 398,86 pour savoir combien il y a d'alcool pur. Il est bien entendu qu'au produit, on reculera la virgule de deux rangs vers la gauche, car la partie entière 52 du nombre 52,6 indique le nombre de centièmes d'alcool pur contenu dans un volume quelconque de liquide à apprécier.

4

$$398,86$$
$$52,6$$

$$239316$$
$$79772$$
$$199430$$

$$209,80036$$

Je trouve 209 litres 80 centilitres d'alcool pur.

Cette manière d'opérer est très-simple et on a l'habitude de se contenter des résultats qu'elle donne.

Voici cependant un procédé qui, si d'une part il est plus compliqué, donne, d'autre part, un résultat beaucoup plus exact ; je le ferai précéder de quelques notions indispensables.

Il est bien vrai qu'une eau-de-vie qui, à la température 19°, accuse un titre de 54° centésimaux, n'accuserait que 52,6 si on la ramenait à 15° en la refroidissant. Mais pourquoi cela ?

Évidemment, c'est qu'il y a eu contraction ; mais en raison même de cette contraction, le volume du liquide a diminué et ce n'est plus 398 litres 86 centilitres que nous aurions à 52,6, mais une quantité moindre.

Il existe des tables assez compliquées et qui font connaître cette quantité moindre : Les tables de Gay-Lussac par exemple.

Celles que je me propose de publier contiendront, entr'autres indications : 1º le volume que présenteraient, après avoir été ramenés à 15°, 100 litres d'un liquide donné à une température donnée ; 2º la quantité d'alcool pur que contient un hectolitre de liquide tel qu'il est soumis à l'expérience. Ce chiffre est ce qu'on est convenu d'appeler *richesse alcoolique*. Quant au titre réel indiqué par les tables, il s'applique, non point au volume donné, mais au volume transformé.

On arrive, à l'aide de ces indications, à une exactitude que je ne crains pas d'appeler rigoureuse ; je vais les appliquer à l'exemple précédent et opérer de deux manières qui se contrôleront l'une par l'autre.

Nous avons dans mes tables :

1° Volume du liquide 398,86 ;

2° Volume d'un hectolitre ramené de 19° à 15°, lit. 99,7 ;

3° Force réelle 52,6 ;

4° Richesse alcoolique 52,4.

398 litres 86 centilitres exprimés en hectolitres, donnent 3,988.

1 hectolitre ramené à 15° se réduit à 99,7.

$$
\begin{array}{r}
3,988 \\
99,7 \\
\hline
27916 \\
35892 \\
35892 \\
\hline
397,6036 \\
\hline
\end{array}
$$

Ramené à 15°, ce liquide n'occuperait plus qu'un volume de 397 litres 60 centilitres dont la force réelle est 52,6.

$$397,6$$
$$52,6$$

$$23856$$
$$7952$$
$$19880$$

$$209,1376$$

Alcool pur 209 litres 13 centilitres.

Multiplions le volume réel 398,8 par la richesse alcoolique 52,45.

$$398,8$$
$$52,45$$

$$19940$$
$$15952$$
$$7976$$
$$19940$$

$$209,17060$$

Je trouve 209 litres 17 centilitres d'alcool pur.

Les trois procédés donnent une différence de 67 centilitres sur 209 litres, ce qui fait environ $\frac{1}{300}$. Si on en prend la moyenne, on aura une erreur *maxima* possible de 1 litre et demi par mille litres.

J'ai voulu, par des exemples pris au hasard, et par le contrôle précédent, démontrer l'exactitude de mes tables ; il me reste à rappeler qu'on peut, sans tenir compte de la température, prendre, à un moment quelconque, le titre apparent du liquide pour déduire de son poids son volume, et *vice versâ*.

J'ai parlé déjà de l'impossibilité matérielle que la nature du liquide influe sur le résultat de mes calculs. Je n'ai qu'à répéter le principe sur lequel je m'appuie :

Quand un corps plongé dans un liquide quelconque flotte à la surface, il s'y enfonce plus ou moins selon qu'il est plus ou moins léger, et tous les liquides où il s'enfonce également ont la même densité.

Donc, l'alcoomètre servira pour évaluer en litres un volume de liquide dont on connaît le poids, quelles que soient la nature et la température de ce liquide, pourvu que sa densité soit comprise entre 1 et 0,795.

Le tableau ci-après indique les nombres par lesquels il faut multiplier, à tous les degrés accusés par l'alcoomètre de Gay-Lussac, les kilogrammes pour avoir des litres et réciproquement :

DEGRÉ APPARENT de l'Alcoomètre.	NOMBRE PAR LEQUEL IL FAUT MULTIPLIER	
	les kilogrammes pour avoir des litres.	les litres pour avoir des kilogrammes.
0	1,000	1,000
1	1,001	0,999
2	1,003	0,997
3	1,004	0,996
4	1,006	0,994
5	1,007	0,993
6	1,008	0,992
7	1,010	0,990
8	1,011	0,989
9	1,012	0,988
10	1,013	0,987
11	1,014	0,986
12	1,016	0,984
13	1,017	0,983

DEGRÉ APPARENT de l'Alcoomètre.	NOMBRE PAR LEQUEL IL FAUT MULTIPLIER	
	les kilogrammes pour avoir des litres.	les litres pour avoir des kilogrammes.
14	1,018	0,982
15	1,019	0,981
16	1,020	0,980
17	1,021	0,979
18	1,022	0,978
19	1,023	0,977
20	1,024	0,976
21	1,026	0,975
22	1,027	0,974
23	1,028	0,973
24	1,029	0,972
25	1,030	0,971
26	1,031	0,970
27	1,032	0,969
28	1,033	0,968
29	1,034	0,967
30	1,035	0,966
31	1,036	0,965
32	1,037	0,964
33	1,038	0,963

DEGRÉ APPARENT de l'Alcoomètre.	NOMBRE PAR LEQUEL IL FAUT MULTIPLIER	
	les kilogrammes pour avoir des litres.	les litres pour avoir des kilogrammes.
34	1,039	0,962
35	1,041	0,960
36	1,043	0,959
37	1,044	0,957
38	1,046	0,956
39	1,048	0,954
40	1,049	0,953
41	1,051	0,951
42	1,053	0,949
43	1,055	0,948
44	1,057	0,946
45	1,058	0,945
46	1,060	0,943
47	1,062	0,941
48	1,064	0,940
49	1,066	0,938
50	1,068	0,936
51	1,070	0,934
52	1,073	0,932
53	1,075	0,930

DEGRÉ APPARENT de l'Alcoomètre.	NOMBRE PAR LEQUEL IL FAUT MULTIPLIER	
	les kilogrammes pour avoir des litres.	les litres pour avoir des kilogrammes.
54	1,078	0,928
55	1,080	0,926
56	1,082	0,924
57	1,084	0,922
58	1,087	0,920
59	1,089	0,918
60	1,092	0,915
61	1,095	0,913
62	1,098	0,911
63	1,100	0,909
64	1,103	0,906
65	1,106	0,904
66	1,109	0,902
67	1,112	0,899
68	1,116	0,896
69	1,119	0,893
70	1,122	0,891
71	1,126	0,888
72	1,129	0,886
73	1,132	0,884

DEGRÉ APPARENT de l'Alcoomètre.	NOMBRE PAR LEQUEL IL FAUT MULTIPLIER	
	les kilogrammes pour avoir des litres.	les litres pour avoir des kilogrammes.
74	1,135	0,881
75	1,138	0,879
76	1,141	0,876
77	1,144	0,874
78	1,148	0,871
79	1,152	0,868
80	1,156	0,865
81	1,159	0,863
82	1,163	0,860
83	1,167	0,857
84	1,171	0,854
85	1,175	0,851
86	1,179	0,848
87	1,183	0,845
88	1,188	0,842
89	1,193	0,838
90	1.198	0,835
91	1,202	0,832
92	1,206	0,829
93	1,211	0,826

DEGRÉ APPARENT de l'Alcoomètre.	NOMBRE PAR LEQUEL IL FAUT MULTIPLIER.	
	les kilogrammes pour avoir des litres.	les litres pour avoir des kilogrammes.
94	1,216	0,822
95	1,222	0,818
96	1,227	0,814
97	1,234	0,810
98	1,242	0,805
99	1,250	0,800
100	1,258	0,795

DEUXIÈME PARTIE

DES LIQUIDES DONT LA PESANTEUR SPÉCIFIQUE EST SUPÉ-
RIEURE A CELLE DE L'EAU OU INFÉRIEURE A CELLE
DE L'ALCOOL.

EXPLICATIONS PRÉLIMINAIRES

Le moyen si simple, si certain que j'ai indiqué dans la première partie de cet ouvrage, pour évaluer le volume des liquides, ne s'applique qu'à ceux dont la pesanteur spécifique est comprise entre celle de l'eau et celle de l'alcool absolu.

Évidemment l'alcoomètre ne donnerait aucune indication si on le plongeait dans un liquide plus lourd que l'eau ou plus léger que l'alcool.

Dans le premier cas, il s'enfoncerait moins que dans l'eau, et par conséquent l'affleurement n'arriverait pas à la partie graduée.

Dans le second cas, il s'enfoncerait plus que dans l'alcool et pourrait même couler à fond.

Il est vrai que ces liquides ne font pas l'objet de manipulations sérieuses, quant au dépotage ; les uns , tels que les vins doux, les vinaigres qui sont du domaine du commerce ordinaire, s'expédient le plus souvent en bouteilles ou par petits fûts ; les autres , et ce sont les plus nombreux, tels que l'acide nitrique, l'acide sulfurique, l'éther, le chloroforme, etc., entrent dans la catégorie des produits chimiques et ne se livrent qu'au poids.

J'aurais donc pu les passer sous silence ; je ne l'ai pas fait, car mon ouvrage m'aurait paru incomplet, si je n'avais donné un second moyen qui exige un peu plus de peine peut-être, l'emploi d'un instrument moins communément répandu que l'alcoomètre de Gay-Lussac , mais qui compense largement ce léger inconvénient par l'exactitude rigoureuse de ses résultats et par l'avantage de pouvoir s'appliquer à tous les liquides, *sans exception.*

Le nouvel instrument est l'aréomètre de

Fahrenheit ; il est à poids variable et à volume constant, contrairement à ceux dont j'ai
déjà parlé, qui sont à poids constant et à
volume variable.

Je vais en exposer rapidement la construction et l'emploi.

ARÉOMÈTRE DE FAHRENHEIT

L'aréomètre à volume constant et à poids variable est en verre, comme celui de Gay-Lussac; il est construit à peu près de la même façon; seulement, la partie renflée est beaucoup plus volumineuse; le petit tube supérieur par lequel elle se termine est beaucoup plus court et plus mince, et est surmonté d'un petit plateau en verre ou autrement, destiné à recevoir des poids. Il est lesté dans le bas pour conserver la position verticale.

Le volume et le poids de cet instrument sont calculés et combinés de façon : 1° qu'il flotte sans perdre sa position verticale, si on le plonge dans un liquide très-lourd, l'acide sulfurique, par exemple, qui pèse jusqu'à 1,840; 2° qu'il ne s'enfonce que jusqu'à la naissance de la partie mince, si on le plonge dans l'éther ou le chloroforme, qui sont beaucoup plus légers que l'alcool.

Vers la partie supérieure du petit tube, se trouve marqué un seul trait d'affleurement. C'est jusqu'à ce point qu'il faut faire plonger l'instrument dans le liquide à expérimenter. Il suffit pour cela de charger le petit plateau supérieur de poids, jusqu'à ce qu'on ait obtenu l'affleurement. — Il va sans dire qu'on tient rigoureusement compté de ces poids additionnels exprimés en grammes, décigrammes, centigrammes et milligrammes au besoin, selon le degré d'exactitude que l'on veut obtenir.

Le poids de l'instrument est connu d'avance; il doit même être noté sur le plateau et vérifié de temps à autre, pour parer aux altérations que ce dernier pourrait subir s'il n'était pas en verre.

A côté de ce poids doit être noté aussi le poids qu'il a fallu ajouter sur le plateau pour faire enfoncer l'instrument jusqu'au point d'affleurement, quand on l'a plongé dans l'eau pure à son maximum de densité.

Emploi de l'Aréomètre de Fahrenheit.

—

Le poids de l'instrument étant connu, ainsi que le poids qu'il a fallu ajouter pour amener l'affleurement dans l'eau, on comprend facilement que leur somme est égale au poids du volume d'eau déplacé.

Par exemple, si l'instrument pèse à lui seul 27 grammes 375 milligrammes et qu'il ait fallu ajouter 32 grammes 142 milligrammes pour amener l'affleurement dans l'eau, il est évident que le volume d'eau déplacé dans ces conditions, d'après le principe de l'aréomètre, est égal à 27,375 + 32,142 ou soit 59,517.

Mais si nous remplaçons l'eau par un autre liquide, une eau-de-vie, par exemple, à expérimenter et que, pour amener l'affleurement dans ce liquide il nous faille ajouter sur le plateau 27 grammes 108 milligrammes, il est évident aussi que le volume d'eau-de-vie déplacé dans ces conditions est, d'après le même principe, égal à 27,375 + 27,108 ou soit 54,483.

Mais le volume est le même dans les deux cas ; le poids seul a varié.

Ce qui en eau pèse 59 grammes 517 millig.
Pèse en eau-de-vie 54   »   483   »

Le rapport du poids de cette eau-de-vie au poids de l'eau est le même que le rapport de 54,483 à 59,517.

D'où nous tirerons facilement le moyen de déduire le poids d'une masse de cette eau-de-vie dont on connaît le volume, et réciproquement.

Ce rapport d'un liquide quelconque à l'eau est forcément donné par deux nombres, et deux nombres qui varient avec chaque instrument, attendu l'impossibilité matérielle de construire des aréomètres égaux entr'eux de poids et de volume.

Si cette difficulté pouvait être surmontée, il serait facile de dresser un tableau donnant, pour chaque unité de poids à ajouter sur le plateau, un coëfficient, c'est-à-dire un nombre par lequel il suffirait de multiplier les kilogrammes pour avoir des litres et réciproquement.

OPÉRATIONS A FAIRE

ET EXEMPLES

Bien que la forme du rapport dont nous venons de parler soit un peu moins commode, et donne lieu à deux opérations au lieu d'une, c'est-à-dire à une multiplication et une division, nous allons voir que le résultat désiré, outre son exactitude, a encore l'avantage de s'obtenir sans [beaucoup de peine.

Voici la manière d'opérer dans les deux cas qui peuvent se présenter :

Le poids de l'eau et celui du liquide déplacés par l'instrument étant trouvés ainsi que je viens de l'exposer plus haut,

1er Cas : Pour convertir des litres en kilogrammes, multipliez le nombre de litres par le poids du liquide et divisez par le poids de l'eau.

2ᵐᵉ Cas : Pour convertir des kilogrammes en litres, multipliez le nombre de kilogrammes par le poids de l'eau et divisez par le poids du liquide donné.

Deux exemples suffiront :

1ᵉʳ EXEMPLE.

Notre aréomètre pèse 21 grammes 615 milligrammes.

Il faut, pour le faire affleurer dans l'eau, placer sur le plateau des poids jusqu'à 17 grammes 819 milligrammes,

Et pour le faire affleurer dans un liquide donné, 24 grammes 105 milligrammes.

Combien pèseront 137 litres 57 centilitres de ce liquide donné ?

Affleurement dans l'eau :

Poids de l'instrument	21,615
Poids additionnels	17,819
Poids de l'eau déplacée	39,434

Affleurement dans le liquide :

Poids de l'instrument	21,615
Poids additionnels	24,105
Poids du liquide déplacé	45,720

Nombre de litres	137,57
Poids du liquide	45,720

$$27514$$
$$96299$$
$$68785$$
$$55028$$

$$6289,70040$$

6289700	39434
234630	159,499
374600	
196940	
392040	
371340	
16434	

Réponse : Ces 137 litres 57 centilitres de liquide pèseront 159 kilogrammes 499 grammes, à moins d'un gramme près.

2e Exemple.

Étant donné le même aréomètre et le même liquide, déterminer la contenance d'une futaille qui, vide, pèse 45 kilogrammes 28 décagrammes, et pleine, 535 kilogrammes 87 décagrammes ?

$$
\begin{array}{lr}
\text{Poids brut} & 535{,}87 \\
\text{Tare} & 45{,}28 \\
\hline
\text{Poids net} & 490{,}59 \\
\end{array}
$$

Poids de l'eau connu d'autre part   39,434
Poids du liquide   »   45,720

Nombre de litres   490,59
Poids de l'eau   39,434

$$
\begin{array}{r}
196236 \\
147177 \\
196236 \\
441531 \\
147177 \\
\hline
19345{,}92606 \\
\end{array}
$$

$$\begin{array}{r|l}
19345926 & 45\ 720 \\
105792 & \overline{423,13} \\
143526 & \\
63660 & \\
179400 & \\
42240 &
\end{array}$$

Réponse : Les 49 kilogrammes 590 décagrammes net de ce liquide représentent 423 litres 13 centilitres à moins d'un centilitre près.

CONCLUSION

Il est parfaitement entendu que je n'ai jamais eu la prétention d'avoir rien inventé de ce qui précède.

Tout est basé sur des principes non-seulement connus depuis bien long-temps, mais encore très-répandus et très-élémentaires.

Le seul mérite que je pourrais revendiquer est celui de quelques innovations importantes, dont deux principales :

1° L'application à tous les liquides d'un instrument (l'alcoomètre) que le moindre marchand possède;

2° L'emploi dans le commerce de l'aréomètre à volume constant, rélégué jusqu'à ce jour dans les cabinets;

Et, comme résultat de l'usage de ces deux instruments toujours faciles à se procurer, la suppression du dépotage, opération d'autant plus longue, dispendieuse, incertaine, qu'elle est à peu près toujours confiée à des hommes de peine.

C'est à Messieurs les commerçants à seconder mes efforts en répandant, autant qu'ils le pourront, un ouvrage dont le bénéfice le plus clair leur reviendra incontestablement.

FIN.

TOULON. — TYP. J. LAURENT.